科學 Science 科技 Technology 工程 Engineering 藝術 Art 數學 Maths

STEAM 學習入門

# 科學
## SCIENCE

森・赫捷臣 / 著

維姬・巴克 / 繪

新雅文化事業有限公司
www.sunya.com.hk

STEAM 學習入門
科學 SCIENCE

作者：森・赫捷臣（Sam Hutchinson）
設計繪圖：維姬・巴克（Vicky Barker）
譯者：羅睿琪
責任編輯：胡頌茵
出版：新雅文化事業有限公司
香港英皇道499號北角工業大廈18樓
電話：（852）2138 7998　傳真：（852）2597 4003
網址：http://www.sunya.com.hk
電郵：marketing@sunya.com.hk
發行：香港聯合書刊物流有限公司
香港新界大埔汀麗路36號中華商務印刷大廈3字樓
電話：（852）2150 2100　傳真：（852）2407 3062
電郵：info@suplogistics.com.hk
印刷：中華商務彩色印刷有限公司
香港新界大埔汀麗路36號
版次：二〇一六年八月初版
二〇一九年四月第四次印刷
版權所有・不准翻印

ISBN: 978-962-08-6626-5
Original title: Science Activity Book
Copyright © b small publishing ltd. 2015  Traditional Chinese Edition
©2016 Sun Ya Publications (HK) Ltd.
18/F, North Point Industrial Building, 499 King's Road, Hong Kong
Published and printed in Hong Kong.

# 什麼是科學？

科學不止是指那些冒着泡泡的液體與試管。科學是指人們嘗試探究我們身邊的環境，透過發掘知識來了解世界的過程。人們從發掘的過程中學習，累積知識，並把這些知識應用在未來生活上。這些知識經過嚴謹的規則進行實驗論證，讓實驗結果更準確可信。沒有堅實的證據證明，任何人的想法都只是一種想法或假設，並不是科學的事實。

# STEAM是什麼？

STEM是代表科學（**S**cience）、科技（**T**echnology）、工程（**E**ngineering）和數學（**M**athematics）這四門學科的英文首字母的縮寫。這四門學科的學習範疇緊密相連，互相影響發展。而在STEM加上藝術（**A**rt）的A，就組成了**STEAM**。藝術的技巧和思考方法可以應用在科技上，同樣，科技、科學和數學也能啟發藝術應用。**STEAM**的五個範疇可以解決問題，改善我們的生活，應用的廣泛性超乎我們想像。

科學
（Science）

科技
（Technology）

工程
（Engineering）

藝術
（Art）

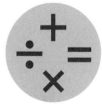
數學
（Maths）

# 觀察奇特之處

頂尖的科學家會運用一些科學詞彙來準確地描述他們的觀察。例如他們會運用**不透明**（Opaque，即無法看穿）或**透明**（Transparent，即能夠看穿）等詞彙，讓我們確實了解他們看見了什麼。

在右圖中的實驗室工作抬上，你能指出哪些東西符合以下的描述嗎？請把答案圈出來。

1. 這瓶液體是不透明的，呈鮮豔的顏色。
2. 這個錘子以一種可彎曲的物料製造。
3. 這條女孩子的圍巾硬而挺直，讓人難以配戴。
4. 這是一張透明的包裝紙，所以我能看見包裝紙裏面的禮物。
5. 這張墊子是利用一種十分粗糙的物料製造的，因此人們坐上去時會感到不舒適。

# 不同的物料

我們日常所用的物品都是用各種不同的物料製造出來的。不同的物料有不同的特性，人們會因應物料的特性把它們製造成不同用途的物品，例如有些物料容易破碎、被壓扁或被彎曲，而另一些物料卻不易破碎、變形或被扭曲。

用木材製造的椅子

試想像一下，這個人坐在一張椅子上。請依照右面各圖中的說明指示，給他畫出以不同物料製造的椅子吧！

用海綿製造的椅子

用石頭製造的椅子

充氣的椅子

用蛋糕製造的椅子

# 改變形態

物質會隨着溫度的轉變而改變狀態。例如水在0℃以下會變成雪或冰；而當氣溫超過100℃時，水會迅速變成蒸汽。

請依照右欄中的三個圖示，在杯中畫出在不同的溫度下，水會呈現什麼形態。

冰　　　水　　　蒸汽

°C = 攝氏溫度

°F = 華氏溫度

-10°C / 14°F

35°C / 95°F

18°C / 64.4°F

101°C / 213.8°F

# 轉動渦輪

發電廠裏的渦輪會不斷快速轉動，以產生電力。人們會利用不同的方式令渦輪轉動從而產生電力，而其中最常用的方法就是利用蒸汽。在接下來的頁數中第10至13頁，你將會讀到有關發電廠裏產生電力的其他方法。發電廠產出的電力會沿着電線輸送到你的家中，為你家的電器提供能源。

這個發電廠利用蒸汽轉動渦輪以產生電力，請你在迷宮內找出一條能把電力輸送往家庭用戶的路線吧！

蒸汽　　起點

渦輪

終點

# 古老的能源

以往人們一直依賴煤、石油和天然氣這些燃料來產生電力。這些燃料是很久以前的植物和動物死後一直被埋在泥土和岩石下，經長年累月沉積而產生的化石燃料。在發電廠裏，人們燃燒這些化石燃料來產生蒸汽轉動渦輪發電。但這些燃料經過燃燒後，便不能再次使用，而且會造成空氣污染，損害環境。

以下兩幅圖畫顯示了海底的石油蘊藏，請你找出兩幅圖畫的10個不同之處，並在圖 B 中圈出來。

A.

B.

# 嶄新的能源

請你數一數圖中有
多少個風力發電機。

除了利用蒸汽,人們還會利用風力和水力推動渦輪機來產生電力,例如風力發電機(Wind Turbines)和水力發電水壩(Hydro Dam)。風能和水能被稱為「綠色能源」,因為這種能源不會破壞環境,而且可以重複使用。然而,有些人並不喜歡風力發電廠(Wind Farm)和水壩,因為它們會令郊外的景觀大幅改變。

# 太陽能

太陽能是一種很受歡迎的發電方式，因為它不會產生污染或破壞景觀。太陽能發電板（Solar Panel）是以收集太陽的熱能產生電力。然而，你需要十分空曠的地方和非常充沛的陽光，才能讓太陽能發電板產生足夠的能源。

請你試試回答以下這些選擇題，測試一下你對太陽能的認識吧。

**1.** 太陽能佔全球能源供應的一大部分。

A. 正確

B. 錯誤

**2.** 以下哪一種交通工具通常會使用太陽能作為能源？

A. 潛艇

B. 太空船

C. 直升機

D. 電單車

**3.** 使用太陽能其中一個最大的好處是：

A. 發電的過程不會造成太多污染。

B. 太陽能發電板看起來很有型。

C. 可以向朋友炫耀。

**4.** 以下哪個地方設有數個大型太陽能發電廠？

A. 英國威爾斯

B. 俄羅斯西伯利亞

C. 美國加州

**5.** 太陽能來自於太陽的光線和能量，因為太陽是：

A. 一顆恆星

B. 一顆行星

C. 一個星系

# 新能源與核能

現今有不少地方的發電廠都使用核能來產生電力。核能是由原子分裂或聚合時產生的能量。核反應堆會令**原子分裂**，以產生熱能把水變成蒸汽；蒸汽會推動渦輪來發電。原子是由名叫「質子」、「中子」和「電子」的細小粒子組成。科學家用中子射向鈾原子，令它們分裂，從而釋放出更多中子和能量，而這個過程會不停地重複進行倍增，稱為「**核連鎖反應**」。雖然核電站毋需使用化石燃料，但會產生放射性廢料危害人類和其他生物，以及對環境造成非常嚴重而長遠的影響。

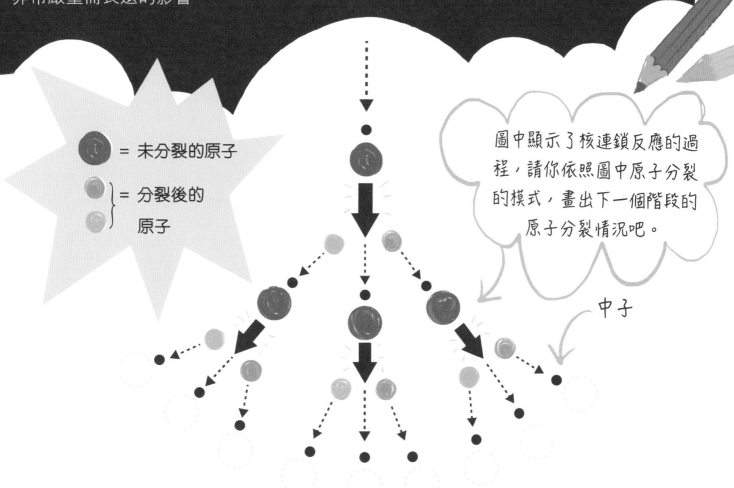

● = 未分裂的原子

● } = 分裂後的
○   原子

圖中顯示了核連鎖反應的過程，請你依照圖中原子分裂的模式，畫出下一個階段的原子分裂情況吧。

中子

# 正極與負極

電子是帶有負電荷的粒子，它就像一小包電力，會從電池的負極走向電池的正極。電池的設計都是為了將這種特性發揮最大的用處！

圖中的電路剛剛成功連接好，令燈泡亮起來了。

電子

**＋**　　**－**

請從電池的負極開始，把一粒粒的電子畫出來，並且沿着線路一直走到電池的正極。當電子流動的時候，它就會令燈泡亮起來了。

正極 = **＋**

負極 = **－**

請在下面的字謎遊戲中找出以下這些跟電路相關的英文詞彙，並把它們圈起來吧。（答案可以在直行、橫行或斜行）

```
f w z b k y i q u h j p o m b c v
e l e c t r i r u t n e g a t z w
h h b n e u t r o n d j k s m n j
d w r s x c v b n t r e t t c e g
g n e g e f x v t h c j m a e g e
h w a t l k a a a t o h k o h a v
j k r t e d w b r a s a a u k t m
k m m n c s a a m m p j n r n i n
l f e o t s t t a t o m e k g v e
f h l p r q o t n e s h t o h e t
j k e l i e n e r q i c y n r n y
l p c m c i r c u i t l h w t h l
k p t m i h w s q m i p b a t h p
m w r y t r t b h j v o n h r t o
d a o r y p o i n t e u k m a g u
q r n w c g n e u t r a n r a n p
w t e g s t r m k l b a t t e r y
```

atom 原子　　charge 電荷　　battery 電池

neutron 中子　　positive 正極　　watt 瓦特

electron 電子　　negative 負極

electricity 電力　　circuit 電路

15

# 由雷暴產生的電力

雷聲是閃電發生時所產生的聲音。你會聽見雷聲，是因為你的耳朵接收到閃電發生時所造成的空氣振動。如果雷暴與你很接近，你就能幾乎在同一時間看見閃電和聽見雷聲，因為閃電和雷聲其實是同時發生的。如果你看見閃電之後過幾秒才聽到雷聲，這表示該雷暴是在較遠處出現。由於聲音比光移動得慢，因此需要隔數秒才能讓你聽見。

當出現雷暴時，雷雨雲中的空氣不斷流動，而產生的小塊冰粒（冰雹）會互相猛烈碰撞，產生電荷。這就像在第14頁中展示的電路情況一樣，電力會在正電荷與負電荷之間流動。在雷雨雲中，這兩種電荷之間會產生放電的現象，從而產生強力的閃光——這就是閃電。而雷雨雲與地面的物件之間也會產生放電的情況，例如大樹或建築物等，這也會產生閃電。

16

# 聲音的波浪

聲波是由物體振動所產生的。我們聽到的聲音各有不同,這與聲音的頻率與振幅(聲波的大小和高度),以及聲音經過什麼東西才到達你的耳朵有關。

小聲

大聲

高音

低音

請參考左面的圖示,畫出以下這些聲音的聲波。

戰鬥機飛行聲

獅子吼叫聲

老鼠吱吱叫聲

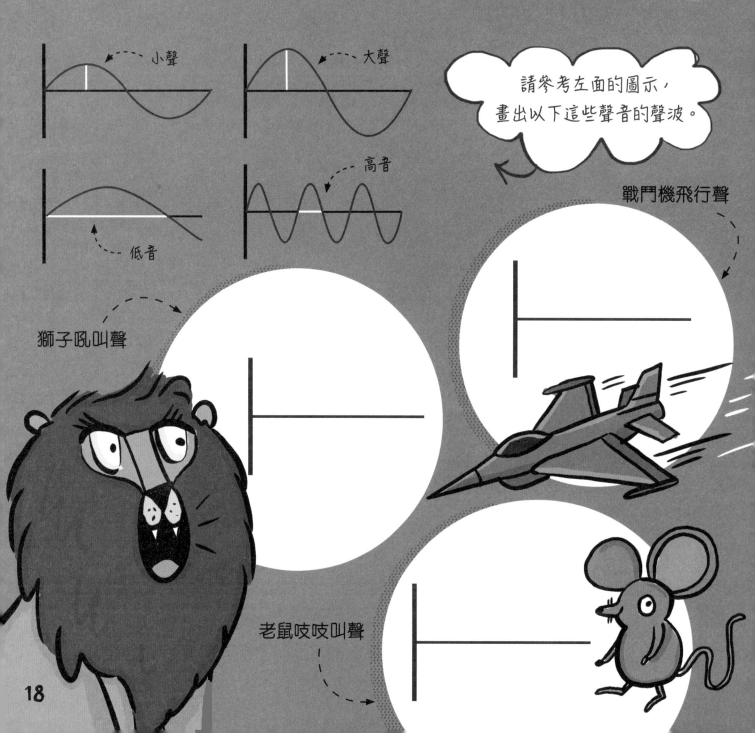

鯨魚的歌聲

放屁聲

搖滾音樂會的音量

當你小聲說話時

當你大叫時

# 影子魔法

當光照射在物件上時，光線不能穿透物件，便會投射出一個影子。

太陽是我們主要的自然光源。白天裏，陽光照射在物件上時，反射出的光線進入了我們的眼睛，讓我們能看見物件。當沒有光時，那就是黑暗，我們便無法看見身邊的事物了。影子的形狀可以是長長的，或是短短的，要視乎光源照射的方向及位置。

你知道右圖中的這些影子分別屬於下面哪一隻小狗嗎？請說說看。

根據每個影子，你能猜到太陽是從哪一個方向照射他們嗎？請在圖中畫上箭嘴來表示陽光照射的方向。

A.

B.

C.

D.

E.

F.

當你在室內而周圍漆黑一片時，你可以利用電筒和雙手製造影子，創造出許多有趣的動物呢！請你依照下圖，試試做出各種動物的影子吧。

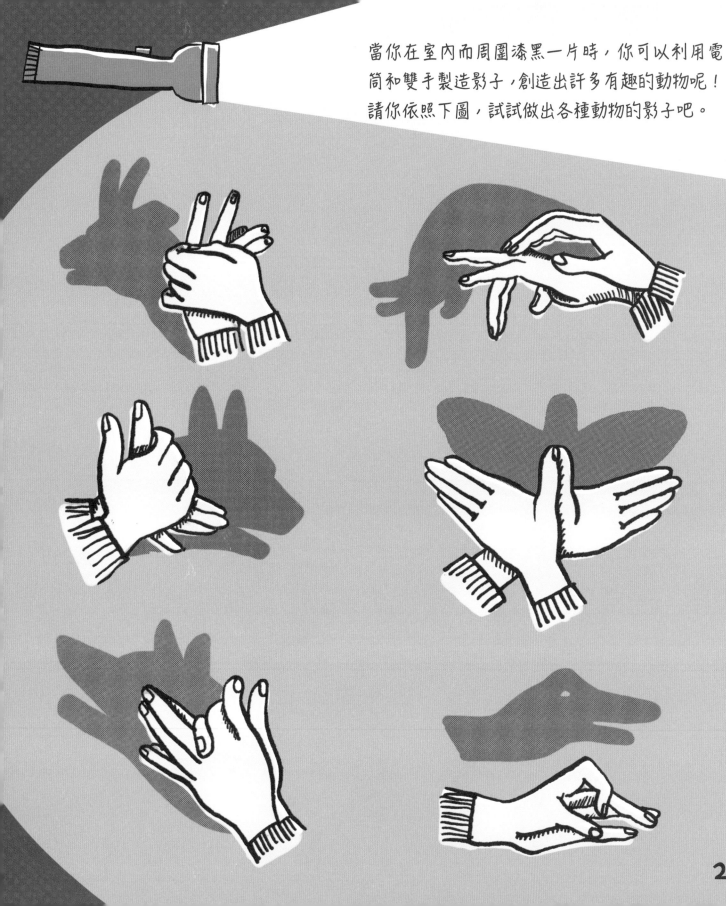

# 我們的嗅覺

　　氣味會透過空氣傳播。氣味主要是由具揮發性的化學物質造成的，當你吸入這些化學物質，嗅覺神經會把氣味信息傳遞到大腦，大腦便會告訴你嗅到了什麼氣味。

請你發揮想像，猜一猜以下兩人分別嗅到了什麼東西的氣味，並在藍色的思想框裏畫出來。這些氣味是芳香的，還是難聞的呢？

# 食物的味道

我們的舌頭上有數以千計的味蕾。當你進食時，食物會與味蕾互相產生反應，因此你便能嘗到不同食物的味道了。

請你按以下指示，給餐墊上的食物塗上顏色：

甜的食物 — 紅色
鹹的食物 — 藍色
酸的食物 — 黃色
苦的食物 — 綠色

咖啡

西瓜汁

試在下面的方框裏找出以下這一組食物圖案，並把它圈出來。

# 觸摸得到的真相

當你觸摸物件時，皮膚裏的神經末梢會將你的感覺信息如冷或熱、平滑或粗糙、壓力、疼痛等傳送到大腦，大腦便會告訴你不同的感覺。你身體的每一個部分都會與大腦的特定部位互相溝通，讓你能夠確切知道自己身體的哪一處觸摸到某些東西。

釘子

冰塊

兔子

果凍

火焰

請你在藍色框裏寫下一些詞語，形容一下觸摸這些物件時會有什麼感覺。記住絕對不能伸手觸摸火焰！當觸摸其他物件時，也要小心不要弄傷自己呀！

指紋也可以用來創作有趣的圖畫呢。請你把以下這些指紋畫成一些可愛的小動物吧。

# 異極相吸

磁鐵能吸攝帶有磁性物質的金屬，例如鐵、鋼和鎳等。有些物質例如羊毛、玻璃、木或塑膠卻不會被磁鐵吸攝，因為這些物質沒有磁性。磁鐵的兩端帶有兩個磁極——南極和北極。北極會**吸引**➡️⬅️其他磁石的南極，但會**推開**⬅️➡️其他磁石的北極；南極則會吸引北極並排斥南極。

請依指示把右圖中空白的位置填上適當的顏色：把北極塗上紅色，把南極塗上藍色。你可以看看它們是互相吸引，還是互相推開對方，便能知道它是磁鐵的哪一極了。

= 北極

= 南極

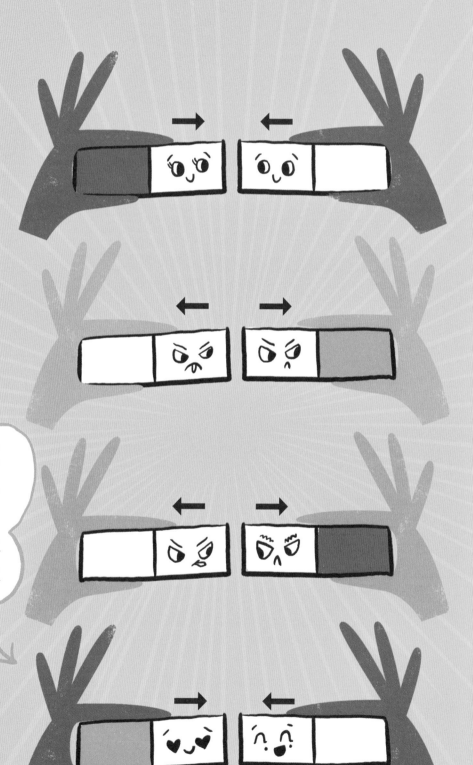

圖中有一個鯊魚缸，上面附有一塊超強力磁鐵。試想像一下，根據磁鐵的特性，當你將以下這些東西扔向超強力磁鐵時，哪些東西會被磁鐵吸住，哪些東西會掉進鯊魚缸裏？請把實驗結果畫出來吧。

- 一隻羊
- 一把鑰匙
- 一件 T 恤
- 一輛汽車
- 一塊雪櫃磁石貼
- 一個蛋糕

# 答案

P. 4-5

P. 6-7 略

P. 8

| -10°C | 18°C | 35°C | 101°C |
| 14°F | 64.4°F | 95°F | 213.8°F |
| 冰 | 水 | 水 | 蒸汽 |

P. 9

P. 10

P. 12

1. B    2. B    3. A
4. C    5. A

P. 11

48個

**P. 13**

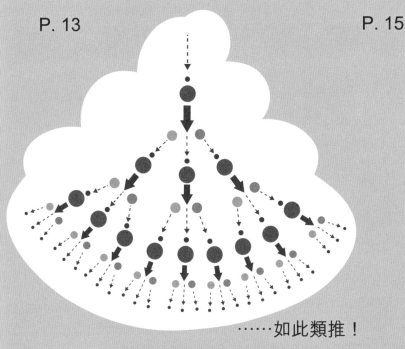

……如此類推！

**P. 14 略**

**P. 16-17**

**P. 15**

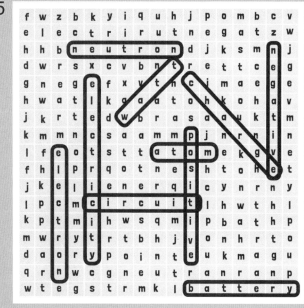

**P. 18-19**

大聲

小聲

高音

低音

小聲

小聲

大聲

大聲

答案僅供參考，小朋友，你所畫出的聲波看起來可能會不太一樣呢！

31

P. 20

1. 1-C
2. 2-A
3. 3-D
4. 4-E
5. 5-B
6. 6-F

P. 21 略
P. 22-23 略
P. 26-27 略

P. 24

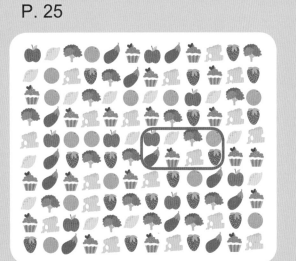

P. 25

P. 28

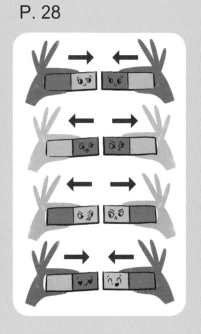

P. 29

被磁鐵吸攝着的：
- 一把鑰匙
- 一輛汽車
- 一塊雪櫃磁石貼

掉進鯊魚缸裏的：
- 一隻羊
- 一件T恤
- 一個蛋糕